CONCLUSION GÉNÉRALE

SUR LA

DESTRUCTION DU PHYLLOXÉRA

DE LA VIGNE

PROCÉDÉ J.-P. MAZAROZ

VITICULTEUR
AYANT OBTENU LA MÉDAILLE D'ARGENT
DE LA SOCIÉTÉ PROTECTRICE DES ANIMAUX, POUR LA CONSERVATION
DES OISEAUX.

NOUVELLES LETTRES

DEUXIÈME ÉDITION
(*Revue et corrigée*)

PARIS

IMPRIMERIE CENTRALE DES CHEMINS DE FER

A. CHAIX ET Cie

RUE BERGÈRE, 20, PRÈS DU BOULEVARD MONTMARTRE

1879

CONCLUSION GÉNÉRALE

SUR LA

Destruction du Phylloxéra de la Vigne

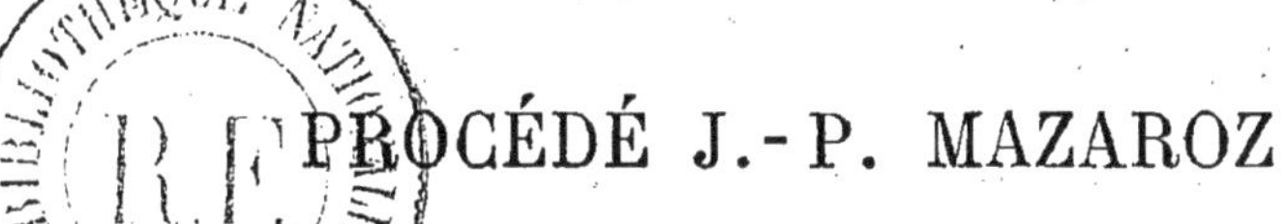

PROCÉDÉ J.-P. MAZAROZ

VITICULTEUR

AYANT OBTENU LA MÉDAILLE D'ARGENT DE LA SOCIÉTÉ PROTECTRICE
DES ANIMAUX
POUR LA CONSERVATION DES OISEAUX.

Paris, le 5 juin 1879.

Aide-toi et le Ciel t'aidera.
LA SAGESSE DES NATIONS

A Messieurs les Présidents et à Messieurs les Membres des Commissions du phylloxéra.

Messieurs les Présidents,

J'ai l'honneur de vous adresser, avec cette lettre, un nombre d'exemplaires de la troisième édition de mon mémoire sur la destruction du phylloxéra, destinés aux membres de vos Commissions, en vous priant d'avoir la bonté d'en ordonner la distribution.

Messieurs,

La question du phylloxéra est la plus complexe de toutes les solutions économiques que la Société française a eu à étudier depuis le commencement du xixe siècle.

Tout citoyen qui, ainsi que moi, recherche depuis nombre d'années les multiples pourquoi de cette nouvelle plaie d'Égypte, doit être animé avant tout d'un dévouement sans bornes pour les intérêts vitaux de son pays, si sérieusement menacés par les causes de la maladie phylloxérique que nous traversons.

Mais ce citoyen ne doit considérer la récompense qui l'attend, s'il a le bonheur de réussir, que comme un côté complétement secondaire et absolument aléatoire de son labeur, eu égard à la grandeur et à l'utilité du but à atteindre.

Aussi, est-ce avec une réelle satisfaction que je vois peu à peu les hommes pratiques, reconnaître l'efficacité des moyens — *généralement et économiquement applicables dans toutes les zones, comme le demande la loi du 22 juillet 1874* — indiqués par votre serviteur, pour détruire sûrement le phylloxéra de la vigne *(en désignant les causes logiques de ses ravages)*, — tout en reconstituant, bien entendu, la vigueur de nos terres labourables, qui sont plus ou moins délabrées et anémiques dans toute la France, par suite des rendements exagérés que le cultivateur demande à la terre depuis l'époque des chemins de fer, sans rendre à la mère commune des amendements suffisants en compensation.

Néanmoins,

Je crois devoir venir défendre la vérité auprès des Commissions du phylloxéra, au sujet d'observations qui sont faites contre l'ensemble de mon procédé, par des hommes pourtant fort instruits et assurément bien intentionnés, mais qui voient les choses d'une façon spéciale à leur point de vue exclusif.

Ces observations sont d'une seule nature ; elles ressemblent exactement en esprit à celles qui ont été faites à Colomb après sa découverte du Nouveau-Monde.

J'avoue m'être longtemps torturé l'esprit, afin de trouver une réfutation topique, dans le genre de celle représentée par l'œuf que le grand navigateur a fait tenir sur la pointe en le frappant simplement sur la table, au grand ébahissement de ses détracteurs assemblés.

N'ayant rien trouvé de similaire, si ce n'est

la comparaison, il faut que je réponde de point en point à mes contradicteurs, qui sont du reste de bonne foi et assez bienveillants.

Ces opposants à toute idée nouvelle disent en général : « Mais, cher Monsieur, vous êtes dans » l'erreur, vous n'avez rien trouvé ce que » vous indiquez dans votre mémoire est connu » depuis longtemps.

» 1° La chaux et ses dérivés, les potasses, les » alcalins, les crasses de schiste et pétrole, les » cendres lessivées, le soufre, les détritus des » usines, etc., etc., sont des choses banales à » force d'être connues, tant comme engrais que » comme agents utiles à la décomposition des » végétaux qu'il s'agit de rendre à la terre pour » la nourrir ;

» Il faut s'adresser au règne minéral pour » reconstituer son fils le règne végétal, lorsque » ce dernier est malade ; on savait cela avant » la publication de vos écrits.

» 2° On sait également que les végétations » surabondantes des sols sont les meilleures » pour amender les terrains appauvris, et qu'elles » doivent être rendues aux territoires qui les » produisent, quand les cultivateurs ne sont » pas des ignorants.

» 3° Et les petits oiseaux ? qui ne connaît

» leur utilité pour détruire les insectes nui-
». sibles, dont ils se nourrissent exclusivement
» dans les champs; tout le monde a dit cela
» avant vous et aurait pu l'imprimer comme
» vous l'avez fait.

. » Non, Monsieur, vous n'avez pas plus in-
» venté ces choses, que l'association muni-
» cipale, puisque nous savons tous que les
» conseils municipaux de la France ne sont
» autres que des associations d'intérêts géné-
» raux, formées par et au profit des habitants
» de chaque commune de notre pays. »

Voici ce que je réponds à ces diverses objections.

Vous avez parfaitement raison, Messieurs; je n'ai inventé ni la Nature ni les institutions françaises, et n'affiche pas même la prétention d'avoir trouvé quelque chose de neuf, par la raison bien connue qu'il n'y a rien de nouveau sous le soleil.

J'ai simplement synthétisé les éléments natu-rels que vous énumérez si bien, en conseillant de syndiquer en quelque sorte leurs forces dans un but commun, tout en laissant chacun d'eux dans le plan que la Nature lui a donné. Ce procédé d'hygiène rationnelle doit ramener en peu de temps le nombre des ennemis de nos récoltes à une proportion *infime* ; — le tout au moyen d'une *application économique* prise dans nos institutions.

En un mot, il ne reste plus...

Je n'ai pas plus inventé que d'autres toutes ces forces naturelles dont je conseille l'emploi collectif contre l'ennemi commun ; — j'ai simplement indiqué une organisation logique, qui est le syndicat, à laquelle j'ai donné un chef, qui est l'association municipale, afin de les faire concourir harmonieusement à remplir le noble but que la loi des 22-26 juillet 1874 a indiqué si nettement à tous les hommes de bonne volonté.

En outre,

1° Ayant combattu assez victorieusement les dangereux systèmes des remèdes spéciaux qui s'administrent à petites doses, — comme les sulfo-carbonates divers et le sulfure de carbone, par exemple, — j'ai voulu faire comprendre par cela que les chimistes voulaient naturellement agir contre le phylloxéra au moyen de leur chimie factice, mais que la chimie et l'hygiène naturelles possédaient seules la puissance nécessaire pour le vaincre complétement.

2° Quelques amis se plaisent à dire que j'ai eu le bonheur de démontrer scientifiquement l'erreur grave dans laquelle sont tombés les inventeurs des zones de protection ; — ces inventeurs ont eu, en effet, la bonhomie d'ordonner l'arrestation de la marche envahissante du phylloxéra, exactement comme ils feraient s'il s'agissait d'arrêter des bandes de vagabonds dans la banlieue de Paris (1).

3° Enfin, j'ai donné l'alarme et aidé beaucoup à répandre l'opinion qui doit sauver notre agriculture, à savoir, que les terres françaises sont à peu près toutes anémiques et à moitié ruinées faute d'engrais suffisants. — J'ai donc eu la chance de bien faire comprendre à beaucoup de propriétaires que — *le développement exagéré de tous les insectes nuisibles commencé depuis cinquante ans environ, jusques et y compris le phylloxéra, n'est qu'une conséquence fatale de l'appauvrissement graduel de nos territoires ruraux.*

Si j'ai insisté aussi énergiquement pour propager la connaissance des faits ci-dessus, c'est que je suis imbu de la vérité de ce vieux proverbe corporatif :

Lorsque l'on connaît bien l'ennemi qu'il faut combattre, cet ennemi est à moitié vaincu.

---

(1) Voir le décret du 26 décembre 1878.

Les erreurs.

Un résumé officiel de la situation présente va nous servir à combattre les erreurs répandues; erreurs peut-être plus difficiles à détruire que le phylloxéra lui-même.

Statistique du Phylloxéra.

L'Administration vient de publier le 9e fascicule des rapports des comités d'études et de vigilance institués pour combattre le phylloxéra. Nous trouvons en tête de ce document un tableau très-intéressant qui donne l'indication, par départements, des mesures mises en œuvre pour détruire le terrible puceron; ce tableau se résume ainsi :

1° Vignobles soumis à la submersion. . 2,837 hect. 72
2° Vignobles traités par le sulfure de carbone. . . . . 2,512 hect.
3° Vignobles traités par les sulfo-carbonates. . . . . 845 hect.
4° Vignobles replantés avec des cépages américains . . . . 1,356 hect. 85

    Total des vignes traitées. . . 7,551 hect. 57

Voilà le beau résultat auquel on est arrivé! Le phylloxéra nous a déjà fait perdre, d'après les chiffres officiels, 373,443 hectares. L'étendue des vignobles envahis, mais qui n'ont pas encore succombé, comprend une superficie de 243,038 hectares (1) et l'on n'a trouvé moyen que d'en traiter 7,500 environ !

(*Extrait du journal* le National *du samedi 24 mai 1879.*)

Et encore, sur ces 7,500 hectares, il n'y a que ceux soumis à la submersion qui aient été sauvés sans des dépenses beaucoup plus fortes que celle de la valeur de la vigne; les vignes pour lesquelles la dépense a été raisonnable n'ont pas donné des résultats appréciables.

Dans tous les cas, les parties sauvées à grands frais dans ces 7,500 hectares, ont été et sont tous les jours réinfestées par les femelles ailées des phylloxéras qui arrivent constamment des vignes non traitées, poussées par les vents.

Tout cela démontre clairement que, sans le traitement général que nous proposons, le phylloxéra continuera tranquillement l'anéantissement de nos richesses viticoles.

Messieurs les Membres des Commissions du Phylloxéra.

La courte statistique officielle ci-dessus va nous permettre de répondre longuement et trop énergiquement peut-être aux objections peu sérieuses faites jusqu'ici contre notre procédé; — mais nous espérons être excusé en faveur de la grandeur et de la noblesse du but à atteindre.

---

(1) Les statistiques privées donnent des chiffres beaucoup plus considérables que ceux-ci.

En effet, : *qui veut la fin, veut aussi les moyens*.

Traiter 7,500 hectares sur plus d'un million d'hectares de vignes en réalité attaquées ou détruites aujourd'hui en France par le phylloxéra, représente un effort minime, qui semblerait accuser en quelque sorte la volonté bien arrêtée de pratiquer, aussi pour le phylloxéra, *la politique du désespoir*. — Cette politique fait dire aux hommes sans foi, c'est-à-dire aux croyants à la mort seulement et non à la vie de toute chose : — *Le phylloxéra ne peut être détruit;* — C'est lui, au contraire, qui doit fatalement anéantir peu à peu toutes les vignes de France (1).

La submersion.

La submersion ne peut être employée que dans les bas-fonds et à proximité de fleuves, rivières ou cours d'eau importants. La destruction du phylloxéra est certaine au bout d'une quarantaine de jours d'immersion; mais les années suivantes, les territoires débarrassés sont toujours réinfestés par les vignes voisines qui n'ont pu être submergées. Total : néant.

---

(1) Conclusion tacite du rapport de M. Bouley à l'Académie en 1874.

Les résumés chimiques.

Les sulfocarbonates et les sulfures sont des toxiques à la fois bons et mauvais ; — je n'ai jamais combattu en eux que trois choses, parce que ces trois choses les rendent chacun absolument impuissants contre le phylloxéra.

1° Leur emploi impossible et partout nul autrement que par petites quantités ;

2° Leur prix trop élevé à fortes doses, avec l'obligation de recommencer tous les ans.

3° Leur danger énorme pour la vigne, s'ils étaient administrés à dose suffisante.

Que les préconiseurs de ces remèdes coûteux arrivent à les mélanger avec des détritus de végétaux et à en couvrir entièrement les terres des vignes par couches de trois à quatre centimètres, et un nouveau mais dangereux compost sera trouvé contre le phylloxéra ; seulement, ce mélange aristocratique sera (*comme nous l'avons dit souvent*) bien des fois supérieur à la valeur de la vigne la plus chère.

Comme moyen plus pratique, je propose, en général, le mélange des détritus de végétaux avec la chaux vive, les cendres lessivées ou la chaux du gaz, etc., afin d'arriver, par les bas prix, à rendre le traitement du phylloxéra applicable et possible dans toutes les vignes.

Car, si l'on omet du traitement complet une seule vigne par commune, cette vigne suffira les années suivantes pour réinfester tout le pays.

Il faut donc en prendre son parti :

— C'est-à-dire arriver au traitement général, et simultanément appliqué,

— Ou bien laisser périr nos vignobles.

Les cépages américains.

La transplantation des cépages étrangers est une mauvaise plaisanterie, malheureusement trop accréditée.

Avant qu'il ne donne du raisin, le cépage américain sera devenu un cépage français comme tempérament (1).

Comment se fait-il que des praticiens puissent oublier cet enseignement élémentaire de la nature : *ce n'est pas le territoire qui s'assimile à la plante, mais bien la plante qui s'assimile aux territoires.*

En outre, de par la grande loi naturelle de

---

(1). Les raisins des cépages américains ont en plus une odeur et un goût très-désagréables.

l'acclimatation, les cépages américains ne donnent et ne donneront encore pendant longtemps que des sarments et des feuillages aux vignes françaises, mais peu ou point de raisins ; — les greffages des plants américains sur les plants français et *vice-versâ*, donneront naturellement un résultat mixte. — Néanmoins, ce résultat sera peu satisfaisant, sinon nul, d'ici à un très-grand nombre d'années.

L'anémie de nos terres.

Le territoire français est généralement épuisé. Il faut le reconstituer ; alors il aidera à combattre les insectes nuisibles et rendra, par cela même, tous les remèdes beaucoup plus faciles à appliquer qu'aujourd'hui contre le terrible polymorphe.

Il faut surtout moins demander aux vignes par la coupe plus radicale des bois, puis, distancer davantage les ceps dans les vignobles nouvellement plantés.

Les amateurs des cépages américains croient malheureusement que les terres françaises sont toujours aussi fortes et aussi bien garnies d'agents chimiques de la nature qu'autrefois ; sans cela ces amateurs ne préconiseraient pas l'introduction de cépages étrangers comme un moyen sérieux contre le phylloxéra.

Il n'y a qu'un bien : savoir, et qu'un mal : ignorer.

Ces amateurs ne savent pas, voilà le fait.

Notre remède à sa plus simple expression.

Notre remède, composé de toxiques énergiques et de végétaux, est aussi efficace contre le phylloxéra que la submersion ; c'est-à-dire que notre engrais est efficace, parce qu'il doit couvrir entièrement la terre et être tassé dessus ; en un mot, notre remède représente une sorte de submersion sèche de substances à la fois insecticides et fertilisantes, dont les pluies, les neiges et l'atmosphère doivent faciliter l'infiltration générale.

Du reste, nous n'indiquons pas qu'un seul toxique ; non, nous les indiquons tous, parce que tous les toxiques violents ou très-amers peuvent détruire le phylloxéra ; — et aussi parce que le toxique qui détruit le phylloxéra est une chose absolument secondaire, *puisque la vigne reproduit de suite les phylloxéras, lorsque la force chimique de son sol ne lui est pas rendue par des engrais reconstitutifs suffisants.*

Néanmoins, il est certain que la chaux du gaz et la chaux vive, mélangées ou non de cendres lessivées, sont les toxiques les moins chers, les plus généralement applicables, et en même temps ceux qui décomposent le plus vite les détritus végétaux pour les rendre immédiatement à la végétation.

De par la loi d'harmonie des semblables, tous les détritus végétaux d'un pays sont excellents pour reconstituer et fortifier les terres de ce même pays; il ne s'agit que de faciliter leur décomposition par la chaux, ses dérivés et ses similaires, en pulvérisant les végétaux avec des machines à cylindres tournants garnis de lames de tôle.

Ces machines, peu coûteuses, sont bien connues en agriculture.

Composition.

Avec la chaux vive, nous allons prendre un des détritus de végétaux les moins coûteux pour en composer un engrais insecticide et reconstitutif à bas prix, capable de détruire radicalement le phylloxéra partout, à la seule condition qu'il soit répandu et tassé en janvier ou février sur toute la terre des vignes, juste après la coupe des sarments.

On devra faire un petit trou autour du pied de chaque cep, sans faire entrer l'engrais dedans ; — mais il est bon d'arroser de temps en temps chaque cep avec un litre d'eau de chaux.

Une fois mouillée, la chaux vive décomposera la sciure de bois, ainsi que les herbes des vignes, et rendra très-vite le tout à la végétation générale.

*
**

La chaux ayant servi à l'épuration du gaz coûte beaucoup moins que la chaux vive, car la première embarrasse et infecte les cours des usines à gaz. Ces établissements sont donc heureux de s'en débarrasser pour rien ou moyennant un prix infime représentant simplement un pourboire aux garçons de l'usine aidant à la charger sur les voitures qui la transportent.

La chaux du gaz est au moins aussi bonne pour la vigne que la chaux vive, car la chaux du gaz est saturée d'excellents éléments chimiques que lui donne la houille.

Il y a un bénéfice réel pour les vignerons à débarrasser leurs vignes du phylloxéra par nos procédés.

La dépense de l'engrais insecticide et reconstitutif ci-dessus ne coûterait pas plus de 15 à

20 centimes par mètre carré, et par conséquent par cep de vigne, s'il était fabriqué en gros par les propriétaires, syndiqués dans un but d'intérêt commun ; — mais il donnerait aux vignes un rendement bien supérieur à la dépense. Il y aurait donc bénéfice en définitive à nous débarrasser du phylloxéra par ce moyen.

Il est bien entendu que la sciure de bois peut être remplacée ou accompagnée par des foins, sainfoins, herbes et feuillages secs pulvérisés, sarments de vignes, branchages et écorces d'arbres, marrons d'Inde, etc., etc.

Il est bien entendu également que la chaux peut être accompagnée par des crasses ou boues de schiste et pétrole, résidus de sulfates de chaux des usines à bougies et produits chimiques de toute autre nature contenant des carbones, sulfures, sulfates, potasses, etc., etc., pourvu que ces agents décomposants soient énergiques et coûtent moins cher que la chaux, mais dans tous les cas pas plus.

La science du hasard.

Le résultat de toutes les études faites depuis environ quinze années sur le phylloxéra se résume en ceci :

Un jour, *par hasard*, un ou plusieurs propriétaires du midi de la France ont planté des ceps de vignes américains dans leurs vignobles.

Mais ces ceps de vignes du Nouveau-Monde étaient *par hasard* habités par des phylloxéras mâles et femelles. — Ces insectes nuisibles à la vigne se trouvèrent mieux à leur aise en France qu'en Amérique, si bien qu'ils multiplièrent infiniment plus que dans leur pays natal. — Ils attaquèrent résolument et en très-peu d'années des départements entiers et détruisirent la plupart de leurs vignes ; le tout par le plus grand effet *du hasard* ; — car, si personne n'avait transplanté de vignes américaines, nous aurions, *paraît-il,* pu continuer à faire rendre indéfiniment et impunément à nos vignes des récoltes immenses.

Subissant cette grande calamité, on a pensé à charger des chimistes de chercher si la chimie factice ne trouverait pas un poison qui pourrait nous débarrasser comme par enchantement de tous nos phylloxéras. — Les chimistes ont cherché et ont épuisé leurs répertoires à analyser tous les faits et gestes de l'insecte barbare que *le hasard* nous avait soi-disant envoyé.

Ne trouvant rien, les chimistes ont conseillé de promettre un prix de 300,000 francs à celui qui découvrirait le poison demandé.

Heureusement que nos législateurs ont libellé cette loi dans un excellent esprit général.

Des centaines de mémoires ont été envoyés ; ils ont parlé de carbone, de soufre, de chaux, de potasse, etc., etc., puis, — on a cherché à réduire et condenser dans des résumés chimiques *ce que les mémoires des praticiens de tous les degrés avaient enseigné.* Ces résumés devaient, paraît-il, empoisonner tous les phylloxéras, — et leur petit volume permettre de les empaqueter, expédier et vendre à tous les vignerons de France. — Cette facilité représentait, dans l'esprit de quelques personnes, *l'application, économique et générale,* du remède efficace que demande la loi du 22 juillet 1874.

On voit que la science *du hasard* et des analyses sans conclusions, a été absolument impuissante dans sa longue campagne contre le polymorphe américain, comme elle l'a toujours été depuis que le monde existe pour chacune des choses qu'elle a entreprises.

Jury des faits.

Chaque *fait* qui se produit dans la Nature porte en lui-même le jugement d'une cause qui existe. — Quand l'homme demande de bonne foi à la nature la cause d'un *fait*, il lui est toujours répondu.

Les hommes qui ont *le hasard* pour drapeau ne savent malheureusement pas que, rien n'arrive *par hasard* dans toute la nature ; bien au contraire, tout a une cause, des tenants et aboutissants, c'est-à-dire un père et une mère. — Les véritables savants modernes ont constaté, il y a quelques années, *ce fait* universel, — en déclarant que : *Il n'y a aucune génération spontanée sous le soleil.*

Le phylloxéra n'est donc pas venu *par hasard* ; — son développement, de même que celui de tous les autres insectes nuisibles à l'agriculture en général, provient évidemment des cultures disproportionnées, relativement à la richesse et à la profondeur des terres végétales.

Les docteurs *du hasard* ne savaient pas cela ; ayant eu l'avantage de le leur apprendre, nous le soulignons bien ici, afin que ces Messieurs ne puissent pas prétendre plus tard, qu'ils ont su cela, *par hasard*, en tous les temps.

Il faut, en résumé, que les agriculteurs praticiens prennent enfin la parole, afin d'écarter la science du hasard et vaincre les ennemis de nos récoltes.

La politique du hasard aveugle tous ceux qui la pratiquent; voilà pourquoi ce qui manque partout contre le phylloxéra, c'est le plan général de bataille que nous venons apporter à nos concitoyens. — L'exécution de ce plan général nous donnera la victoire grande, certaine, rayonnante. — Mais les partisans du doute répondent invariablement : **Tout cela est très-bien, Monsieur, mais il nous faut des essais; essayez encore et toujours, puis après, nous verrons !**

Ces fins de non-recevoir vont conduire nos vignobles français à leur perte totale, si les intéressés ne sont pas réunis bientôt pour juger plus largement, mais surtout plus sainement, cette déplorable situation.

Détruire à bon marché tous les phylloxéras d'un cep ou d'une vigne est un jeu d'enfant. Les détruire partout et les empêcher de revenir, voilà ce qui est difficile, mais voilà ce que la France demande.

Essayez vous-même, disons-nous à chacun des viticulteurs français, et vous serez bientôt fixé. Prenez pour cela de la chaux vive et faites-la éteindre et délayer dans de l'eau en proportion normale; — puis, choisissez un des ceps les plus malades (*mais non mort*) dans une vigne phylloxérée, faites faire une petite cuvette autour de ce cep et faites-le arroser, premièrement par un litre de cette eau, puis par un grand verre de la même eau tous les cinq ou six jours. — *L'eau de chaux descendra du cep aux racines et radicelles en les atteignant toutes*. Au bout de deux mois, ce cep sera pourvu d'une superbe végétation, relativement à celle de tous les autres ceps de la même vigne. — Alors, Messieurs, vous serez convaincus. — Cela est encore loin de la guérison générale, mais cette épreuve vous démontrera que la chaux vive peut être l'un des toxiques du traitement général dans toute la France.

En résumé, sans le traitement général, et simultané, jamais la France ne sera débarrassée du phylloxéra.

La police du règne végétal.

Il y a aussi une mesure urgente qu'il ne faut pas oublier, Messieurs, si l'on veut défendre à tout jamais l'accès de nos vignes aux phylloxéras ainsi qu'à tous les autres insectes nuisibles aux vignobles français. Cette mesure, c'est la conservation des petits oiseaux, indiquée dans mon mémoire.

L'homme véritablement civilisé doit aimer par intérêt tous les petits oiseaux des champs; non point à la manière des cannibales qui aiment les hommes pour les manger, mais bien pour les protéger comme étant une des choses les plus utiles de toute la nature.

Dans le cas particulier des insectes nuisibles qui nous occupent, les oiseaux sont, non-seulement gracieux à voir et aimables à entendre chanter dans les campagnes, mais ils seraient encore et surtout (*s'il y en avait assez*), les protecteurs de nos richesses agricoles.

Désirant ardemment un avenir heureux pour notre pays; puis, convaincu que cet avenir dépend pour une notable partie de nos richesses agricoles menacées, — je viens avec confiance, Messieurs, vous soumettre les moyens efficaces pour les protéger.

Veuillez agréer, Messieurs les Présidents et Messieurs les membres des commissions du phylloxéra des départements français, les respectueux hommages de votre bien dévoué,

J.-P. MAZAROZ,

94, boulevard Richard-Lenoir, Paris.

Correspondance.

Au moment de mettre sous presse les communications ci-dessus, nous recevons une lettre d'un propriétaire de vignobles du Var, qui est membre des comités d'études pour la destruction du phylloxéra dans ce département. — Il nous paraît utile de publier cette lettre, (*émanant d'un viticulteur du plus grand mérite*), ainsi que la réponse que nous nous sommes empressé d'y faire, afin de corroborer nos démonstrations sur l'urgence de la guerre générale à déclarer au polymorphe américain.

**

Lorgues (Var), 27 mai 1879.

Monsieur Mazaroz, boulevard Richard-Lenoir, 94, Paris.

Monsieur,

J'ai lu avec beaucoup d'attention votre excellent mémoire sur la destruction du phylloxéra ; je vous remercie d'avoir eu l'idée de me l'adresser.

Depuis l'invasion de ces terribles insectes dans nos vignobles, qu'ils ont presque complétement détruits, je pense comme vous que leur grand développement est dû à la disparition presque complète des petits oiseaux en France et surtout dans les pays du Midi, où il semble qu'on s'acharne tous les jours davantage à leur destruction.

En effet, sans compter les lacets, la glue, les piéges

de toute espèce, les chasseurs au fusil sont chaque année plus nombreux : ainsi, dans les pays de 4 à 5,000 habitants comme le nôtre, il n'est pas rare de voir deux cent cinquante permis de chasse ; sur ces deux ou trois cents chasseurs, une vingtaine au plus chassent le gros gibier exclusivement, tous les autres sont des destructeurs d'oiseaux. Comment ces petits volatiles pourraient-ils résister à tant d'ennemis ?

J'ai fait une remarque, l'été dernier, qui vient corroborer notre opinion : tous les soirs, à la même heure à peu près, il arrivait dans mes vignes des troupes de martinets (espèces d'hirondelles) en nombre considérable ; ces oiseaux voltigeaient et planaient pendant des heures entières sur les parties des vignes les plus infestées par le phylloxéra. Que venaient-ils faire là ? si ce n'est avaler les insectes qui sortaient de terre ; pour qui ces oiseaux, que l'on ne voit guère ordinairement qu'autour des grands édifices, faisaient-ils plusieurs lieues chaque jour ? n'est-ce pas parce qu'ils trouvaient là une ample provision d'insectes dont cet oiseau se nourrit uniquement.

Il est inutile d'insister davantage sur ce point ; ma conviction existe depuis longtemps et votre excellent mémoire n'a fait que la fortifier.

M. Préaud de la Croix-Blanche (Saône-et-Loire) dit dans la lettre qu'il vous adresse en date du 26 février 1879 : « Mais puisque le phylloxéra ne peut être détruit par les petits oiseaux », etc.

Je dirai, moi, au contraire : Puisque le phylloxéra peut être détruit par les petits oiseaux ; il faut que les agriculteurs envoient en masse des pétitions aux Chambres, que les Comités de vigilance et d'études sur le phylloxéra établis dans chaque arrondissement par les soins du Ministre de l'Agriculture soient unanimes à demander une loi très-sévère, la vôtre par exemple. Et si cette loi était promulguée, dans deux ans au plus nous aurions en France assez de petits oiseaux pour arrêter la marche désastreuse du phylloxéra.

A vous, Monsieur, qui avez publié un mémoire si convaincant, il est dû de vous mettre à la tête de cette levée en masse des viticulteurs; nous pétitionnerons à notre tour sous votre patronage, jusqu'à ce que nous ayons obtenu satisfaction. Je vous promets mon concours, si faible qu'il soit; je vais adresser une note au Comité d'études de notre chef-lieu dont je fais partie.

En résumé, la vigne est la richesse de la France et sa prospérité dépend peut-être de la loi que nous réclamons: après la vigne viendront les autres récoltes. L'olivier, par exemple, est attaqué par bien des ennemis : le chiron qui coupe les rameaux, le ver qui s'introduit dans le fruit et le dévore en grande partie, — ce qu'on appelle le noir de l'olivier, et qui n'est autre chose qu'un insecte qui le recouvre quelquefois complétement pour finir par le faire périr, ne pourront être détruits que par le repeuplement des petits oiseaux.

Que risquent les Chambres en promulguant cette loi? on délivrera, il est vrai, dans les communes un moins grand nombre de permis de chasse; mais cette considération peut-elle entrer en ligne de compte devant les fléaux qui nous menacent?

Faites au moins l'essai, Messieurs les députés; ne renvoyez pas d'un jour la discussion de cette loi; le moment est bien choisi, les oiseaux ont leurs nids, sur lesquels il faut veiller avec sollicitude. Les oiseleurs n'attendent pas d'habitude l'ouverture de la chasse pour tendre leurs filets et placer leurs gluaux.

*
* *

Quant à vos engrais insecticides et reconstitutifs, j'en prévois l'emploi bien difficile.

Il faudrait, comme vous le dites, que, tous les propriétaires d'une contrée répandissent simultanément ces engrais sur leurs vignes ; nous n'obtiendrons jamais cela, parce que, chez nous, la propriété est en général trop divisée. Il y a peu d'habitants de nos communes qui ne possèdent un petit carré de vigne ; comment persuader à tous ces propriétaires qu'ils sont dans l'obligation de traiter leurs vignes avec vos engrais ? il faudrait encore une loi, et encore l'application en serait bien difficile. Obtenons celle pour le repeuplement des oiseaux et nous aurons déjà fait un grand pas vers le but que nous nous proposons.

Je ne veux pas cependant fermer ma lettre sans vous demander un conseil au sujet de ces engrais, et soumettre à votre appréciation la combinaison que je vais vous exposer et que je crois la meilleure et la plus pratique pour nos pays :

Nous coupons chaque année une grande quantité de chênes verts, pour en extraire le tan que nous vendons aux tanneurs.

Les menues branches et les feuilles restent dans nos bois le plus souvent, ou servent aux fours à chaux qui sont en général peu rémunérateurs.

Ne pourrait-on pas, après avoir entassé ces branches qui possèdent à un haut degré le tannin que vous recherchez pour vos engrais insecticides et reconstitutifs, les saupoudrer d'une substance quelconque, telle que chaux ou autre, pour en favoriser la décomposition et les rendre d'un emploi plus facile pour engrais?

Vous rendrez un véritable service à l'agriculture de nos pays, si vous me donnez cette combinaison.

Je dois ajouter qu'à l'époque où je faisais des plantations de vignes, je mettais au fond des fossés des fagots de branches de chênes verts; les vignes qui avaient reçu cette fumure à bon marché poussaient avec une force de végétation bien supérieure à celles qui n'avaient pas été traitées de la même manière.

Veuillez agréer, Monsieur, l'assurance de mes sentiments les plus distingués.

Signé : de RASQUE, baron de LAVAL.

J'attends votre réponse, pour adresser mes observations au Comité.

Notre réponse.

Paris, 29 mai 1879.

A Monsieur de Rasque, baron de Laval, à Lorgues (Var).

Monsieur le baron,

Je reçois votre lettre du 27 courant.

Les lettres d'adhésions que j'ai reçues en faveur de la conservation des petits oiseaux de nos champs sont nombreuses, mais aucune n'est aussi pratique ni aussi éloquente que la vôtre ; c'est pourquoi je prends la liberté de la reproduire, avec ma réponse, à la fin des lettres motivées que j'adresse, en date de ce jour, aux commissions du phylloxéra de toute la France.

Je prépare depuis un mois le libellé des pétitions à présenter à la Chambre des députés en faveur de la loi sur la conservation des petits oiseaux, dont vous me conviez à provoquer l'acceptation dans les départements ; j'attendais les adhésions à mon dernier appel, mais votre bienveillante lettre, Monsieur le baron, me décide à le faire aussitôt que j'aurai reçu les listes de tous les Comités d'études des départements que je fais rechercher.

Pour les engrais insecticides et reconstitutifs qui conviennent à votre localité : — il est impossible de trouver un meilleur élément d'engrais pour la vigne, que les menues branches et feuillages des chênes verts, communs dans vos cantons, dont vous me faites l'honneur de m'entretenir.

Voici la confection et l'emploi de cet engrais, d'après mes procédés :

1° Il faut pulvériser en janvier les branches et feuillages secs des chênes verts que l'on a coupés dans les mois de mai et juin précédents ; — et cela avec des machines à briser les petits bois et herbages, lesquelles sont connues de presque tous les agriculteurs (1).

2° Prendre de la chaux vive en grosse poussière ou graviers, avec laquelle il faut mélanger les détritus

---

(1) Aussitôt coupés, il faut entasser les branchages de chênes verts dans les vignes où ils doivent être employés, et cela en tas serrés afin qu'ils ne sèchent pas trop.

de vos chênes verts et en couvrir entièrement le sol des vignes fin janvier ou février, — (*c'est-à-dire de suite après la coupe des sarments*), — d'une couche de trois ou cinq centimètres bien tassée ; — le tout, afin qu'au moment des premières pluies ou neiges, les pulvérisations de chênes verts soient décomposées par la chaux vive et que leurs précieuses substances tanniques soient rendues à la végétation avec les herbages des vignes pour les époques de la végétation générale du printemps.

Je vous prie de bien noter, Monsieur, qu'en l'absence du traitement général dont je conseille l'obligation par une loi, comme cela existe pour l'échenillage des arbres et arbrisseaux, ainsi qu'en l'absence de la loi que nous désirons si ardemment pour la conservation des petits oiseaux, il faudrait faire connaître aux autres propriétaires de votre arrondissement, que ce traitement devra être recommencé en plein tous les ans ; — car, sans cela, vos vignes à peu près débarrassées du phylloxéra seraient réinfestées de suite par les vignobles non traités des environs.

Tandis que, si l'obligation du traitement existait avec la loi protectrice des petits oiseaux, la moitié, et même le quart d'engrais que je prends la liberté de vous conseiller, suffirait ensuite annuellement pour reconstituer peu à peu la qualité chimique de vos territoires et la rendre, en peu d'années, égale à celle dont ils jouissaient il y a une quarantaine d'années.

Une petite cuvette à faire autour de chaque cep, pour faciliter leur arrosage avec de l'eau de chaux, rentre dans les soins indispensables pour guérir les ceps phylloxérés.

Je suis encore complétement de votre avis, Monsieur, relativement à la difficulté de décider tous les petits propriétaires à traiter leurs vignes ; — je regarde cela comme impossible, vu l'ignorance, qui est encore si grandement entretenue partout ; — aussi, je réclame résolument une loi d'utilité publique. — Cela se fait bien pour l'échenillage ? Pourquoi, alors, n'obligerait-on pas les vignerons à s'enrichir, en résumé, en sauvant leurs vignes des phylloxéras et en leur faisant rendre par les engrais reconstitutifs, beaucoup plus que ne coûtera l'engrais à bon marché qui est indiqué ci-dessus ?

De quel droit encore, un vigneron réfractaire à ses plus chers intérêts, aurait-il le droit de ne pas traiter sa vigne, lorsque tous les autres le feraient, à seule fin d'avoir le plaisir de réinfester perpétuellement les vignes que ses voisins arriveraient à garantir du fléau ?

C'est ici surtout que les associations municipales seront de première utilité, car elles pourront faire, jusqu'à la récolte, les avances de l'engrais nécessaire pour les vignes des viticulteurs qui n'auraient pas les moyens pécuniaires suffisants.

Vous avez agi fort intelligemment, en employant vos petites branches pour former les bases de vos vignes nouvelles ; vous en avez été récompensé de suite, car la nature n'est pas ingrate pour ceux qui connaissent, pratiquent et respectent ses lois.

Vous m'honorerez toujours, Monsieur, en me demandant tous les renseignements qui vous seront utiles, relativement à cette question si intéressante du

phylloxéra à l'étude de laquelle je m'adonne passionné-
ment depuis près de quinze ans.

Je vous prie d'agréer, Monsieur le baron, mes salutations bien dévouées.

Signé : **J.-P. Mazaroz.**

N. B. — Une courte explication paraît nécessaire
au sujet des vignes plus ou moins phylloxérées quoique
se trouvant dans la même commune ; ainsi que sur
celles qui se guérissent de suite avec un traitement
ordinaire, tandis que d'autres situées près d'elles ont
leurs phylloxéras qui paraissent résister à tous les
remèdes ; puis, au sujet d'autres vignes qui restent
bien portantes quoique entourées de vignobles complète-
ment phylloxérés.

La facilité des transports que les chemins de fer nous
ont donnée depuis trente années environ, a fait développer outre mesure la culture de la vigne, surtout dans
le Midi ; tous les vignobles ont presque doublé leur
rendement, par la multiplication des ceps et le développement exagéré que l'on a laissé prendre aux bois
des vignes par des tailles incomplètes dans les mois de
janvier et février. Plus le rendement des vignes a été
exagéré, plus les éléments chimiques que leur sol contient
sont épuisés, en proportion, bien entendu, avec leur
richesse ; les vignes qui résistent plus ou moins bien aux
attaques du phylloxéra, sont celles qui ont été cultivées
plus ou moins raisonnablement par d'intelligents ou
désintéressés propriétaires.

Les essais plus ou moins victorieux n'ont donc qu'une conséquence absolument relative vis-à-vis du mérite des toxiques et remèdes employés par les inventeurs qui les essayent; — ainsi, un toxique ou un remède notoirement impuissant contre les phylloxéras habitant des vignes très-épuisées par les cultures exagérées, comme l'est la plus grande partie de celles du Gard, de Vaucluse, de l'Hérault, du Var et des Charentes, pourrait fort bien détruire radicalement les ennemis de nos vins dans plusieurs vignobles de départements différents, si le propagateur de ce toxique ou de ce remède connaissait assez à fond la question du phylloxéra, pour choisir les divers territoires de ses expériences parmi ceux qui sont le moins fatigués par les cultures exagérées, en même temps que les plus riches possible en fonds et sous-sol.

C'est dans cette observation, résultat de nos longues études sur la question phylloxéra, que réside le secret de la préservation presque générale des grands vins de toute la France, parce que les grands crus n'ont presque jamais été soumis à des cultures exagérées et qu'ils poussent sur les sols les plus riches. Malgré cela, si l'on continue à ne pas s'occuper du remède général, les grands vins de France pourront bien être attaqués à leur tour.

Si bien que, vu le peu de profondes connaissances pratiques de la question que possèdent ceux qui dirigent ostensiblement la campagne officielle contre le polymorphe américain le prix pourrait parfaitement bien être accordé au plus nul de tous les toxiques et remèdes, ainsi qu'au plus faiseur de leurs auteurs, — puisque c'est à des toxiques et remèdes spéciaux que, contrairement à la loi du 22 juillet 1874, les chimistes qui ont la haute main dans l'affaire, paraissent vouloir accorder le prix, — tandis que, la loi du 22 juillet 1874 veut décerner le prix à l'inventeur des remèdes généraux et complets, capables de reconstituer la force végétale que nos vignobles possédaient autrefois, tout en les débarrassant de la vermine qui les dévore ; — et cela, au moyen de procédés simples, naturels et, par conséquent, très bon marché.

Ces moyens doivent former un ensemble complet, que nous avons la ferme conviction d'avoir trouvé.

LETTRE

ADRESSÉE

A M. LE MINISTRE DE L'AGRICULTURE ET DU COMMERCE

> Combattre le Phylloxéra n'est qu'un détail de la question, c'est dans la destruction des causes de sa présence, que réside le problème à résoudre.

Paris, le 13 juin 1879.

A M. le Ministre

de l'Agriculture et du Commerce.

Monsieur le Ministre,

J'ai l'honneur de vous remettre vingt-cinq exemplaires de la troisième édition de mon Mémoire sur la destruction du phylloxéra, et un nombre égal d'exemplaires de sa conclusion, avec prière de vouloir bien faire remettre le tout à Messieurs les membres de la Commission supérieure, siégeant au Ministère de l'Agriculture et du Commerce.

Monsieur le Ministre,

J'ai reçu, avec la plus respectueuse satisfaction, votre lettre du 26 mai dernier, qui m'annonce l'intérêt que vous avez bien voulu prendre à mes procédés pour la destruction générale du phylloxéra en France.

N'étant d'aucune école théorique, vous avez admirablement compris, Monsieur le Ministre, la logique et l'urgence du traitement général.

En effet, le phylloxéra femelle est un insecte ailé qui transporte sa progéniture avec une merveilleuse facilité dans les territoires qui sont autour de la vigne sur laquelle il est né, et cela grâce à tous les vents, qui lui fournissent constamment les meilleurs moyens possibles de locomotion.

Par les moyens de locomotion atmosphérique que la nature fournit si largement au règne végétal, les femelles de phylloxéras déposent presque toujours leurs portées sur des vignes fraîches, qui sont excellentes pour développer immédiatement leur innombrable descendance (1).

____

(1) D'après certains calculs de statisticiens du polymorphe de la vigne, une femelle de phylloxéra, avec toute sa descendance, peut, depuis les premiers jours du printemps jusqu'aux derniers jours de chaleur de l'automne, produire plusieurs milliards de sujets ; les uns vont jusqu'au chiffre de quinze milliards ! ! !

Cette situation, Monsieur le Ministre, fait que les expériences partielles contre le phylloxéra sont infructueuses relativement au vœu de la loi des 22-26 juillet 1874; et la preuve, c'est que les prétendues zones officielles de protection s'élargissent de plus en plus, absolument comme si elles n'existaient pas.

Cela n'empêche nullement l'approbation qu'il faut donner à ceux des propriétaires qui soignent leurs ceps par les toxiques bons à la vigne, car ces intelligents viticulteurs retardent toujours un peu les désastres qui atteindront sûrement leurs propriétés, si le traitement général ne s'organise au plus vite.

D'ailleurs, ces traitements reconstituent toujours un peu les terres plus ou moins épuisées de leurs vignes.

Néanmoins, il est regrettable à tous les points de vue de chercher à arrêter à grands frais la marche du phylloxéra vers les limites connues de l'envahissement; — d'abord, parce que cela est inutile et égare l'esprit public sur les moyens véritables donnés par la Nature pour détruire le phylloxéra; — ensuite, parce que ces essais infructueux répétés, désespèrent le public en général et incrustent de plus en plus dans l'esprit des masses l'opinion que le phylloxéra ne peut être détruit et qu'il doit fatalement, au contraire, anéantir peu à peu toutes les vignes qui existent dans nos pays (1).

Cela est dangereux à publier, mais surtout complétement inexact par le fait, car le phylloxéra est facile à chasser par le traitement général, au moyen des engrais, à la fois insecticides et reconstitutifs, que j'ai l'honneur de proposer aux viticulteurs Français.

*
**

La loi du 22 juillet a beau indiquer une pensée large qui vise sans détours le remède général, on persiste toujours à demander les essais partiels faits au moyen de pincées de n'importe quoi.

Je reproduis ci-contre la lettre dont vous avez eu la bonté de me faire remettre un exemplaire, laquelle paraît indiquer l'intention bien arrêtée de s'en tenir aux essais partiels :

---

(1) « Il n'y a pas de remède. Toute vigne attaquée par le phylloxéra est morte; il faut l'arracher, brûler les souches, purifier le sol, attendre au moins deux ans pour la replanter, etc. »

Rapport de M. Bouley, de l'Académie des Sciences, en 1874.

MINISTÈRE DE L'AGRICULTURE ET DU COMMERCE

DIRECTION DE L'AGRICULTURE

2e DIVISION

BUREAU DES ENCOURAGEMENTS A L'AGRICULTURE

Procédé contre le phylloxéra.

« *Paris, le   18*

» *Monsieur,*

» *Vous me faites connaître que vous avez*
» *trouvé le moyen de préserver les vignes du*
» *phylloxéra.*

» *J'ai l'honneur de vous informer que, par*
» *décision de la Commission supérieure, pour*
» *concourir au prix de 300,000 francs, offert*
» *par l'Assemblée nationale, vous devez me*
» *faire parvenir une notice sur votre invention;*
» *la Commission a déclaré également que se-*
» *raient seules admises au concours les per-*
» *sonnes pouvant présenter à l'appui de leur*
» *découverte des certificats attestant que le*
» *moyen proposé par elles a été soumis aux*

» épreuves de l'expérience publique, et établissant
» la présomption, d'après les faits déjà recueillis,
» qu'il peut être efficace et économiquement ap-
» plicable à la généralité des terrains.

» Dès que ces documents me seront parvenus,
» je les soumettrai à la Commission nommée en
» exécution de la loi du 22 juillet 1874, laquelle
» appréciera, sur l'examen des pièces présentées
» et même après enquête préalable, s'il y a op-
» portunité à expérimenter votre procédé.

» Recevez, monsieur, l'assurance de ma
» parfaite considération,

» Le Ministre de l'agriculture et du
» commerce,

» Pour le Ministre et par autorisation,
» Le Directeur de l'Agriculture, »

Voici ma réponse :

1° La lettre ci-dessus semble changer la
pensée de la loi du 22 juillet 1874, en demandant aux auteurs des mémoires ; — des faits
résultant d'expériences publiques, que leur procédé peut être efficace et économiquement applicable dans la généralité des terrains.

En effet, celui qui aurait fait des expériences
publiques dans la généralité des terrains fran-

çais qui sont attaqués par le phylloxéra, aurait dépensé des millions et ne pourrait pas encore démontrer que son procédé est économiquement applicable, car il faudrait pour cela, le concours des municipalités.

Il n'y a donc que le sulfure de carbone et les sulfo-carbonates qui vont pouvoir concourir; car, grâce à l'administration françaisequi en dirige et paie les essais, le sulfure de carbone et les sulfo-carbonates ont été en quelque sorte économiquement appliqués dans la généralité des terrains atteints, puisqu'ils sont employés tout autour des prétendues zones de protection par et aux frais de l'administration publique.

Le sulfure de carbone, par exemple, peut, de même que tous les autres toxiques violents. tuer quelques phylloxéras; — si bien que le prix pourra être accordé à un de ses propagateurs quelconques, bien que le sulfure de carbone soit, selon l'opinion de tous les praticiens sérieux, un remède nul, puisqu'il faut recommencer tous les ans, et même pire que le mal, puisqu'il tue la vigne quand on en emploie assez pour produire de l'effet.

2° Cette lettre semble faire déclarer en principe que, contrairement à l'esprit ainsi qu'à la lettre de la loi du 22 juillet 1874, la commission supérieure entend repousser à priori tous les remèdes généraux et complets, puisqu'elle exige des certificats d'expériences publiques établissant que des épreuves victorieuses ont eu lieu, — sans s'informer des conditions plus ou moins avantageuses des différentes vignes traitées.

C'est-à-dire que, moi, par exemple, qui présente un remède général, comme le demande la loi du 22 juillet 1874, je serais évincé d'ores et déjà du concours, puisqu'il m'est impossible comme à tout autre dans le même cas, de démontrer l'efficacité de mon remède, qui ne peut être que généralement et économiquement applicable comme le demande la loi.

3° Cette lettre semble contenir la pensée de continuer, autant que possible, les essais isolés, payés ou non par le ministère ; — et pourtant, en supposant (*ce qui est possible*) qu'ils soient tous victorieux, ils ne servent, n'ont jamais servi et ne serviront jamais à rien, par la raison (*connue de tous les praticiens*) que, les vignes débarrassées du terrible polymorphe, mais dont les terrains ne sont pas chimiquement reconstitués, sont fatalement réinfestés les années suivantes, par les femelles de phylloxéras que les vents transportent

Monsieur le Ministre,

Ainsi que je l'explique dans mon mémoire et ses annexes, aucun procédé ne peut remplir entièrement le vœu de la loi du 22 juillet 1874 qu'au moyen de deux lois que je propose :

1° *Pour l'application générale des engrais insecticides et reconstitutifs à bon marché, avec l'association municipale pour direction pratique;*

2° *Pour le repeuplement des oiseaux, par une loi sévère sur la chasse et la pipée.*

Comme procédé. — *La chaux vive ou la chaux du gaz réduite en petits graviers ou grosse poussière, mélangée aux détritus végétaux et couvrant absolument le sol, accompagnée de l'arrosage, plus ou moins grand des ceps suivant leur état maladif, avec de l'eau de chaux ;*

Il faut poser en principe à ce dernier sujet.

Rien ne se crée dans la nature sans l'aide du feu ; or, la chaux vive colporte la chaleur, c'est-à-dire le feu.

Relativement à l'urgence du repeuplement des petits oiseaux, j'ai l'honneur de vous remettre une lettre de M. de Rasque, baron de Laval, à Lorgues, département du Var.

La lettre de M. de Rasque constate, par un fait important, que les oiseaux seraient (*si nous en avions assez dans nos campagnes*) les destructeurs gratuits de tous les phylloxéras qui dévorent nos vignes. Or, vous savez, Monsieur le Ministre, que la conservation des oiseaux est un des deux grands remèdes proposés par moi contre le phylloxéra, comme pouvant, à lui seul, sinon le vaincre complétement, du moins l'empêcher de revenir en nombre suffisant pour détruire nos vignobles comme il le fait.

La lettre de M. le baron de Laval constate encore par un essai victorieux, les bienfaits des engrais végétaux pour la vigne.

Le vif de la question.

La demande, *sine quâ non*, d'expériences publiques, exigées de tous ceux qui présentent des mémoires contenant le moyen certain, selon eux, de détruire l'ennemi actuel de la vigne, représente :

Ou une fin de non-recevoir;

Ou la preuve évidente que les personnes qui ont conseillé cette mesure ne paraissent pas se douter que la Nature possède des moyens certains pour nous débarrasser de l'insecte destructeur.

Je vais essayer de démontrer le tout :

Votre administration, Monsieur le Ministre, vient de publier le compte rendu des travaux de la Commission supérieure du phylloxéra pendant l'année 1878 ; — ce compte rendu est suivi d'une carte de France représentant, par des nuances, les trois situations les plus caractéristiques des vignobles français atteints par le phylloxéra.

1° La nuance la plus foncée représente les localités où la culture de la vigne a été des plus désordonnnées pendant les trente dernières années, comme dans les départements du Gard, de Vaucluse, du Var, de l'Hérault, le Bordelais, les Charentes, etc., et où, par conséquent, le phylloxéra règne sans partage, vu l'anémie et l'épuisement d'agents chimiques suffisants dont souffrent les vignobles teintés de cette couleur.

Il est vrai que l'on a permis l'introduction des cépages étrangers dans les vignobles complétement envahis, sans paraître savoir que le cépage américain en particulier, ne peut rapporter pendant très-longtemps, en France, à peu près que des bois et des feuillages, et, en outre, comme c'est principalement du sol épuisé que vient la cause de la maladie phylloxérique, les cépages étrangers seront phylloxérés comme tous les autres, sinon de suite, au moins dans un court espace de temps.

2° La nuance intermédiaire représente les arrondissements vignobles français un peu moins gravement atteints, c'est-à-dire ceux dont les territoires sont un peu moins épuisés par les cultures exagérées, ou qui jouissent d'un sol et sous-sol plus riches; ce qui leur a permis de donner davantage de raisins qu'habituellement, sans se ruiner complétement.

Heureusement que l'introduction des vignes étrangères, qui ne servent à rien qu'à dépenser de l'argent, n'a pas été permise par l'administration aux propriétaires, tant éprouvés déjà, des arrondissements demi-teintés.

3° La nuance la plus claire de la carte des ravages du phylloxéra en 1878, représente les arrondissements où il n'existe qu'un ou quelques points attaqués par le polymorphe américain. Cela veut dire clairement pour un praticien que, ces arrondissements sont :

A) Les plus riches en sol, et ceux, par conséquent, dans lesquels les propriétaires ont plutôt poussé les cultures vers la qualité que vers la quantité.

Les grands vins de Bourgogne, de Bordeaux et du Midi, qui ne sont pas encore attaqués, font, en effet, tous partie de cette nuance sur la carte administrative.

B) Les vignobles anciens les plus pauvres en sol, ou bien ceux situés le long des grandes montagnes, c'est-à-dire jouissant de peu de profondeur de terre, ce qui ne permet presque aucun développement de culture.

C) Les vignobles plantés depuis peu d'années, et par conséquent peu fatigués, comme ceux qui entourent Carcassonne et d'autres pays.

D) Les vignobles des hautes montagnes, comme ceux de l'Auvergne, de la Savoie, du Bugey, de la Lozère, de l'Isère, des Hautes et Basses-Alpes, des Pyrénées-Orientales, etc., etc., font également, et pour les mêmes motifs, partie de cette nuance sur la carte de la Commission supérieure.

Les vignobles non atteints. — Les vignobles français non phylloxérés et restés en blanc sur la carte administrative, sont généralement ceux qui fournissent nos vins frais et mousseux de la Haute-Marne, la Moselle, le Jura, le Doubs, la Vendée, le Maine-et-Loire, l'Indre-et-Loire, les pays de Saumur, etc. etc.; plus, les vins sûrs des environs de Paris.

Tempérament du phylloxéra.

J'ai eu l'honneur de faire remarquer à ce dernier sujet dans mon mémoire que : le phylloxéra, étant un insecte des pays chauds, détestait le froid et l'eau; de même que la vigne, il n'aime que la chaleur et les terrains secs. — C'est là l'explication scientifique de la cause matérielle qui a préservé jusqu'ici nos vins frais et mousseux du fléau; — car, nos vins frais et nos vins mousseux poussent généralement sur des sols et sous-sols froids, c'est-à-dire marneux, sablonneux et argileux.

Cette antipathie du phylloxéra explique la complète santé des vignes plantées dernièrement dans les sables.

Malheureusement, toutes ces grandes questions

stratégiques de la maladie naturelle causée par le phylloxéra, paraissent n'être pas suffisamment étudiées par les personnes qui s'occupent de cette funeste invasion.

Essais partiels par empoisonnement et submersion.

Imitant l'esprit des agissements de la célèbre empoisonneuse Locuste, qui essayait sur des esclaves les poisons destinés par Néron à Britannicus, les homéopathes du phylloxéra essaient et veulent faire essayer des poisons chimiques sur quelques-uns de ces polymorphes, afin de choisir le meilleur, selon eux, pour qu'il soit vendu plus tard dans toute la France.

Impossible de bien expliquer tout l'enfantillage que contient cette tactique étrange ; — les viticulteurs praticiens et instruits peuvent seuls comprendre toute l'étendue des ,dangers, pour notre fortune agricole, que cette manière d'opérer colporte avec elle.

En un mot, les principes de l'empoisonnement pur et simple, sans tenir aucun compte du traitement du terrain et des ceps par les reconstituants et l'Hygiène naturelle, représente, j'en ai la conviction, la plus déplorable des erreurs.

Cette tactique à bâtons rompus conduit tout simplement et peu à peu nos vignobles à leur destruction absolue par le phylloxéra, tandis qu'il est extrêmement facile de les sauver tous par le traitement général.

Après ces démonstrations, qui sont des vérités élémentaires et indiscutables, on se demande pourquoi l'on fait demander aux inventeurs concurrents, *des certificats attestant que le moyen proposé par eux a été soumis aux expériences publiques et qu'il peut être efficace et économiquement applicable dans la généralité des terrains ?*

1° Sans distinguer les essais toujours victorieux dans les terrains plus forts et par conséquent moins attaqués, — de ceux faits sur les terrains presque absolument épuisés, dans lesquels le phylloxéra est extrêmement difficile à détruire sans un traitement général et reconstitutif, uni à un énergique régime insecticide ;

2° Et sans voir que le programme demandé étant rempli, tous les vignobles de France seraient en voie de guérison !

L'impossibilité absolue du concours existe par ce programme.

Mieux vaudrait dire alors que, le concours

sera ouvert lorsque tous les vignobles de France seront entrés dans la convalescence de la terrible maladie phylloxérique qu'ils traversent.

Les essais partiels au moyen de l'empoisonnement ont presque toujours été victorieux depuis six ou sept ans, par la raison répétée à satiété que : *Tous les toxiques possibles tuent le phylloxéra*, ainsi que les autres insectes nuisibles ; — mais les essais partiels victorieux, qui se comptent par centaines, n'ont jamais servi à rien, par une autre raison répétée également à satiété par moi, que : les ceps, treilles, vignes ou vignobles plus ou moins débarrassés complétement du phylloxéra par les plantes amères, comme le tabac, les fraisiers, etc., ou par des engrais amers, comme les poussières de marrons d'Inde et autres, ou par des toxiques violents, comme la chaux, les sulfates, les sulfures, les sulfo-carbonates, etc., etc., ou bien encore par submersion froide, ou par arrosages d'eau plus ou moins chaude, mais dont les terrains ne sont pas reconstitués chimiquement, sont toujours et invariablement réinfestés plus ou moins vivement par les vignes voisines qui leur envoient des mères de phylloxéras (*pleines de larves*), lesquelles arrivent en bandes innombrables, portées par tous les vents.

Les essais partiels par l'empoisonnement seul, préconisés depuis un grand nombre d'années, et le traitement général négligé représentent donc les erreurs regrettables qui concourrent plus puissamment que toutes les autres causes, à faire de la maladie phylloxérique une calamité publique.

Le remède général et simultané.

Il est inutile de s'arrêter à la destruction du phylloxéra par submersion, parce que ce moyen qui a du reste des inconvénients sérieux est, en résumé, un remède absolument inutile, puisque les côtes, où sont généralement les vignobles phylloxérés, ne peuvent pas être submergées sans le retour d'un des grands déluges de l'époque de la formation des cinquième et sixième couches du globe, qui, il faut l'espérer, ne reviendront pas.

Je ne désire pas non plus faire d'enquête sur les nombreuses expériences et études partielles que j'ai provoquées, conseillées et dirigées, parce que l'on me répéterait ce qui m'a été dit plusieurs fois : *mais puisque vos vignobles du Jura ne sont pas encore phylloxérés, comment se fait-il que vous ayez trouvé un remède efficace contre le phylloxéra ?*

Le remède efficace proposé dans mes études est celui demandé exclusivement par la loi des 22-26 juillet 1874 ; mais, comme mon remède est généralement et économiquement applicable, il faut deux lois pour le mettre à exécution. Ces lois seront votées tôt ou tard, car la conservation de nos richesses agricoles l'exige.

Et pourquoi ne les voterait-on pas? on a bien voté le décret du 26 décembre 1878, qui représente en grande partie le côté incomplet des études faites jusqu'à ce jour sur la destruction du phylloxéra ?

Les inspirateurs de ce décret, qui ne sont pas des viticulteurs, ne veulent absolument pas reconnaître l'affaiblissement général de nos territoires agricoles. Cette grave question est pourtant bien faite pour préoccuper et même passionner les véritables amis de l'humanité.

*
* *

L'opinion publique, qui juge toujours en dernier ressort, fera justice des essais minuscules et partiels par les agents chimiques, et finira (*nous en avons le ferme espoir*) par demander aux représentants de la nation, les lois propres à débarrasser nos richesses agricoles de leurs ennemis.

Ces lois sont celles que nous proposons.

***

En résumé, si l'on veut absolument perdre encore un temps précieux, je sollicite de la justice de la Gouvernement, une des communes les plus phylloxérées de toute la France, avec les moyens pécuniaires suffisants pour la traiter complétement. Je guérirai radicalement les vignes de cette commune du phylloxéra, et surtout des causes de sa présence, le tout au moyen de mon système de traitement général. — Je garantis le succès complet par toute ma responsabilité matérielle.

Et pourtant, je serais encore privé de l'immense secours des petits oiseaux, que la Nature a évidemment créés pour protéger la végétation générale.

Il me paraît difficile que toutes les grâces administratives favorisent exclusivement les expériences des résumés chimiques, qui sont tous impuissants pour le traitement général demandé par la loi, sans que je puisse espérer les mêmes faveurs pour mes procédés.

Désirant simplement exclairer l'opinion sur les erreurs qui hâtent la ruine de notre agriculture, je viens vous prier, Monsieur le Ministre, de vouloir bien agréer les respectueuses salutations de

Votre dévoué serviteur,

J.-P. MAZAROZ.

94, boulevard Richard-Lenoir, Paris

Désirant simplement décliner l'opinion sur
les erreurs qui bâtent la gaine de notre agriculture, je viens vous prier, Monsieur le Ministre,
de vouloir bien agréer les respectueuses salutations de

Votre dévoué serviteur,

J.-P. MANSON

91, Boulevard Richard-Lenoir, Paris

Épilogue.

Il n'existe pas une brochure sur le phylloxéra, et Dieu sait si le nombre en est grand ! qui ne constate au moins un essai victorieux à l'aide d'un toxique quelconque, ayant détruit le terrible polymorphe et rendu plus ou moins la santé à des ceps attaqués par lui.

Nous croyons sincèrement à la vérité de presque toutes ces déclarations.

D'après l'esprit et la lettre de la missive de l'administration, chacun des auteurs de ces brochures mériterait le prix? A moins que l'on oblige ces messieurs à débarrasser toutes les vignes françaises du phylloxéra, avant de pouvoir espérer se voir décerner la récompense mentionnée dans la loi du 22 juillet 1874.

J'accepterais moi-même avec bonheur cette situation, si j'avais l'avantage de pouvoir mettre mes procédés à exécution, car je suis certain du succès. — Le besoin de la récompense ne m'est pas reprochable. — Du reste, pendant mes quinze années d'études opiniâtres sur la question du phylloxéra, j'ai eu exclusivement en vue le grand intérêt national.

Mon procédé de traitement général doit encore se résumer ainsi :

1° Ayant déclaré publiquement, et le premier, que l'appauvrissement des éléments chimiques de nos territoires vignobles était la cause fondamentale des développements et des ravages du phylloxéra, ainsi que de tous les autres insectes nuisibles à l'agriculture,

J'ai cru devoir démontrer irréfutablement cette vérité de la cause phylloxérique, par l'explication des nuances de la carte de la commission supérieure, pages 146 à 151 inclus de cette conclusion.

2° La chaux vive, celle du gaz, les sulfates de chaux, etc., etc., représentent le plus énergique des remèdes, tout en étant le plus inoffensif, quand il est intelligemment employé; en outre, la chaux est le meilleur des reconstituants, en même temps que des *purgatifs*, pour la terre; elle représente le meilleur marché, à beaucoup près, de tous les toxiques, ainsi que celui qui se trouve et peut se fabriquer très-facilement partout.

Avec de l'eau de chaux, un microscope puissant et des mottes de terre pleines de phylloxéras, on peut se rendre compte en quelques heures et dans sa chambre, que la chaux vive tue radicalement et instantanément ces insectes.

Les essais annuels pendant le cours desquels nos richesses agricoles sont compromises de plus en plus sont donc inutiles.

Ces essais annuels nous montrent 7,500 hectares traités inutilement depuis beaucoup d'années, lorsque le phylloxéra envahit environ cent mille nouveaux hectares de vignes en moyenne par an.

3° L'appauvrissement des éléments chimiques composant la force végétale de nos vignobles étant admis, — la destruction du phylloxéra par la chaux vive ne suffit plus pour résoudre le grand problème, car la chaux tuera les insectes qu'elle atteindra et reconstituera momentanément les forces chimiques des territoires ; — mais une belle année de récoltes fera disparaître tout cela et le phylloxéra apparaîtra de nouveau.

Pour empêcher le phylloxéra de revenir il faut restituer en même temps à la terre des vignes toutes les forces végétales des environs, lorsque ces forces ne sont pas urgentes aux besoins des hommes ; — ces puissances reconstitutives sont appelées ici du nom générique de, *les détritus végétaux*.

A toutes ces puissances minérales et végéil faut ajouter la force animale des petits
oiseaux. — Si les petits oiseaux ne représentaient
pas une force urgente dans la grande question
qui nous occupe, la nature ne les aurait pas
chargés de détruire les insectes nuisibles, ainsi
que leurs larves, œufs, fourreaux, etc., etc. —
— Donc, *respect aux décrets de la mère commune.*

Par la mise à exécution des moyens simples
et rationnels que nous proposons, les procédés
pratiques de l'hygiène générale de tous nos
territoires seront trouvés, et les sources de notre
fortune agricole à jamais assurées.

IMPRIMERIE CENTRALE DES CHEMINS DE FER. — A. CHAIX ET Cie,
RUE BERGÈRE, 20, A PARIS. — 12430-9.